1

4年生で習った小数の計算

小数×整数，小数÷整数を復習するよ。
小数点のうち方はバッチリかな？

JN085744

☁ 筆算で計算をしましょう。

① 19.6×4

② 20.5×6

③ 5.24×7

④ 0.73×8

⑤ 52.4×62

⑥ 47.1×14

⑦ 0.82×25

⑧ 3.09×36

2 ①は，わり切れるまで計算をしましょう。

②は，商を一の位まで求めて，あまりもだしましょう。

③は，商を四捨五入して，上から2けたのがい数で求めましょう。

①
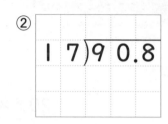

$$4)\overline{7}$$

②

$$17)\overline{90.8}$$

③

$$9)\overline{17}$$

小数のしくみ

小数を10倍，100倍，…した数はわかるかな？
小数も整数と同じしくみだよ。

1 1.23を10倍，100倍，1000倍した数を考えます。

小数や整数を10倍，100倍，…すると，位はそれぞれ1けた，
2けた，…上がり，小数点はそれぞれ右に1けた，2けた，…移る。

2 987を $\frac{1}{10}$，$\frac{1}{100}$，$\frac{1}{1000}$ にした数を考えます。

小数や整数を $\frac{1}{10}$，$\frac{1}{100}$，$\frac{1}{1000}$，…にすると，位はそれぞれ1けた，2けた，
3けた，…下がり，小数点はそれぞれ左に1けた，2けた，3けた，…移る。

3 28.56を10倍，100倍，1000倍した数を答えましょう。

① 10倍

② 100倍

③ 1000倍

4 72.6を $\frac{1}{10}$，$\frac{1}{100}$，$\frac{1}{1000}$ にした数を答えましょう。

① $\frac{1}{10}$

② $\frac{1}{100}$

③ $\frac{1}{1000}$

3

5 次の数は2.46を何倍にした数か答えましょう。

① 246　　　　　　　　　　② 2460

6 次の数は13.5を何分の一にした数か答えましょう。

① 1.35　　　　　　　　　　② 0.0135

7 □にあてはまる数を答えましょう。

① 72.8×1000＝　　　　　　② 2.19×100＝

③ 51.62÷1000＝　　　　　　④ 31.7÷100＝

テストに出るうんこ

「うんこを狩る者たち」
うんこハンター名鑑

日本編

根本辰男
（ねもとたつお）

『何十年もやっとると、うんこの声が聞こえてくるんじゃよ。』

独自のうんこハンティング技術「根本流うんこ発見術」を使う実力派うんこハンター。主に、山林にすむ野性獣のうんこを見つけ出すことを得意とする。そのため、時にはヒグマやオオカミと格闘することも。趣味はたき火。

小数×小数の計算

今日のせいせき
まちがいが

0~2こ
よくできたね！

3~5こ
できたね

6こ~
がんばれ

小数×小数の計算は，整数のかけ算に直すとできるよ。やってみよう。

1 1.3×2.4の計算のしかたを考えます。

整数×整数の計算に直して計算する。

$$1.3 \times 2.4 = \boxed{?}$$

10倍　　10倍　　100倍　　$\dfrac{1}{100}$（100でわる）

$$13 \times 24 = 312$$

1.3×2.4の積は，13×24の積を100でわれば求められる。

1.3×2.4 = $\boxed{3.12}$

2 整数×整数の計算に直して計算しましょう。

① 2.8×4.3

= 28×43÷ { 　　　　 }

= 1204÷ { 　　　　 }

= { 　　　　 }

② 1.26×3.1

= 126×31÷ { 　　　　 }

= 3906÷ { 　　　　 }

= { 　　　　 }

$$1.26 \times 3.1 = \boxed{?}$$

100倍　　10倍　　1000倍　　$\dfrac{1}{1000}$

$$126 \times 31 = 3906$$　（1000でわる）

5

137×23＝3151です。このことを使って計算しましょう。

① 13.7×23

② 13.7×2.3

③ 1.37×2.3

④ 1.37×0.23

小数を整数に直して計算するぞい。137×23の積をいくつでわればいいかのう？

小数×小数の筆算①

 小数×小数の筆算は，積の小数点のうち方がポイント。
しっかり覚えよう。

1 2.3×1.2の筆算のしかたを考えます。

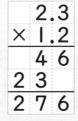 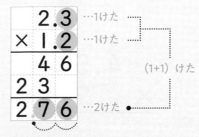

```
  2.3
× 1.2
─────
  4 6
2 3
─────
2 7 6
```

❶小数点が
ないものとして
計算する。

❷積の小数点は，かけられる数と
かける数の小数点の右にある
けた数の和だけ，右から数えてうつ。

…1けた
…1けた
(1+1) けた
…2けた

2 筆算で計算をしましょう。

①
```
  2.1
× 3.8
```

②
```
  8.4
× 4.9
```

③
```
  3.1 8
×   2.8
```

④
```
  3.9 6
×   6.2
```

3 筆算で計算をしましょう。

①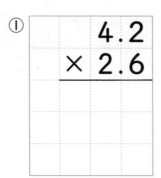
$$\begin{array}{r} 4.2 \\ \times\ 2.6 \\ \hline \end{array}$$

②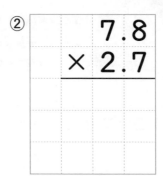
$$\begin{array}{r} 7.8 \\ \times\ 2.7 \\ \hline \end{array}$$

③
$$\begin{array}{r} 4.57 \\ \times\ \ 7.4 \\ \hline \end{array}$$

④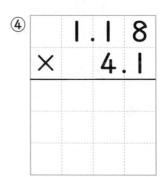
$$\begin{array}{r} 1.18 \\ \times\ \ 4.1 \\ \hline \end{array}$$

うんこ文章題に
チャレンジ！
1

うんこをガチガチにかためて作った
棒が「うんこ棒」です。うんこ棒1mの
重さは3.3kgです。うんこ棒1.8mの
重さは何kgですか。

筆算

式

答え＿＿＿＿＿＿＿

うんこ棒

5 小数×小数の筆算②

今日のせいせき

まちがいが

 0~2こ
よくできたね！

 3~5こ
できたね

6こ~
がんばれ

小数×小数の計算をカンペキにするよ。
まちがえた計算はもう一度やり直そう。

1 筆算で計算をしましょう。

①
```
    1.5
×   5.1
```

②
```
    4.3
×   7.2
```

③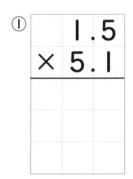
```
   1.3 7
×    4.8
```

④
```
   2.0 5
×    8.7
```

⑤
```
   7.2 9
×    3.7
```

⑥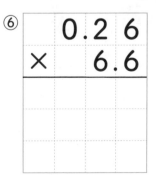
```
   0.2 6
×    6.6
```

2 筆算で計算をしましょう。

① 4.7×9.3

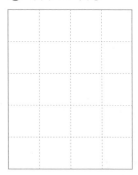

② 6.24×5.6

③ 4.8×0.39

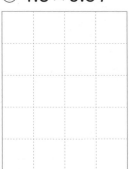

小数×小数の筆算③

今日のせいせき
まちがいが

✨ 0~2こ
よくできたね！

😌 3~5こ
できたね

♨ 6こ～
がんばれ

💩 筆算の答えを正しく書く練習をするよ。

1 0.92×7.5，0.18×1.6の筆算のしかたを考えます。

```
    0 . 9 2
  ×   7 . 5
    4 6 0
  6 4 4
  6 . 9 0 0
```

小数点をうった後で，
右のはしが0のときは，
0を\で消す。

```
    0 . 1 8
  ×   1 . 6
    1 0 8
    1 8
  0 . 2 8 8
```

けた数がたりないときは，
0を書きたして小数点をうつ。

2 筆算で計算をしましょう。

①
```
    1 . 5 2
  ×   1 . 5
```

②
```
    1 . 7 5
  ×   4 . 8
```

③
```
    0 . 1 5
  ×   1 . 2
```

④
```
    0 . 2 8
  ×   2 . 7
```

3 筆算で計算をしましょう。

① 3.24×6.5

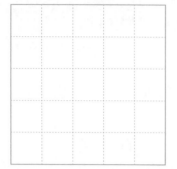

② 0.17×2.9

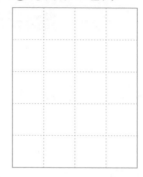

③ 3.85×2.6

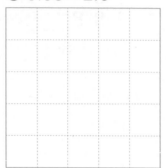

④ 0.25×1.6

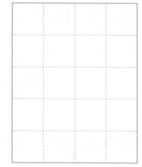

うんこ文章題に
チャレンジ！
2

2人のうんこ投げ選手が対決しています。アメリカの選手の記録は0.13kmで、フランスの選手はアメリカの選手の3.4倍の記録でした。フランスの選手の記録は何kmでしたか。

筆算

式

答え _____

今日のせいせき
まちがいが

0~2こ
よくできたね!
3~5こ
できたね
6こ~
がんばれ

かける数の大きさと積の大きさの関係

かけ算をして答えが小さくなることがあるよ。
かける数に注目するとわかるよ。

1 2.7×0.4の積は，かけられる数の2.7より小さくなるかどうかを考えます。

小数をかけるかけ算では，1より小さい数をかけると，
積はかけられる数より小さくなる。

かける数＜1のとき，	積＜かけられる数
かける数＝1のとき，	積＝かけられる数
かける数＞1のとき，	積＞かけられる数

計算すると，
2.7×0.4=1.08
だから，
積は2.7より
小さいのじゃ。

2.7×0.4の積は，かける数0.4が1より

小さいので，積はかけられる数2.7より

 なる。

2 積が5.3より小さくなるものをすべて○で囲みましょう。

あ 5.3×1

い 5.3×0.07

う 5.3×2.03

え 5.3×1.9

お 5.3×0.7

か 5.3×0.1

3 筆算で計算をしましょう。

①
$$\begin{array}{r} 2.7 \\ \times\ 0.5 \\ \hline \end{array}$$

②
$$\begin{array}{r} 3.2 \\ \times\ 0.7 \\ \hline \end{array}$$

③
$$\begin{array}{r} 0.84 \\ \times\quad 0.6 \\ \hline \end{array}$$

④
$$\begin{array}{r} 4.7 \\ \times\ 0.15 \\ \hline \end{array}$$

⑤
$$\begin{array}{r} 0.28 \\ \times\ 0.45 \\ \hline \end{array}$$

どの計算も
かける数が1より
小さいぞい。計算したら,
積がかけられる数より
小さくなっているか
確かめるのじゃ。

8 計算のきまり①

今日のせいせき
まちがいが
0~2こ
よくできたね!
3~5こ
できたね
6こ~
がんばれ

小数のかけ算でも，整数と同じ計算のきまりが成り立つよ。
計算のきまりを使って工夫して計算しよう。

1 3.7×2.5×4を工夫して計算するしかたを考えます。

2.5×4＝10が使えるように，(■×●)×▲＝■×(●×▲) を使う。

$$3.7×2.5×4$$
$$=3.7×(2.5×4)$$
$$=3.7×\boxed{10}$$
$$=37$$

2.5×4＝10
1.25×8＝10

2 工夫して計算します。 □ に数を書いて続けて計算しましょう。

① 2.9×2.5×4

=2.9×(□ × □)

…続けて計算しましょう。

② 4.7×1.25×8

③ 1.8×0.5×4

15

3 工夫して計算しましょう。

① 2.5 × 2.8
= 2.5 × (4 × ⬚)

② 2.5 × 2.4

③ 1.3 × 0.5 × 6

④ 5.3 × 0.5 × 2

テストに出るうんこ

「うんこを狩る者たち」
うんこハンター名鑑

日本編

mayuco

「うんこハントであたしに勝つ？」
超ウケんんだけどw

自称「かわいい系うんこハンター」。渋谷や原宿など若者に人気の町を主な活動エリアとし，自動販売機の下や，ショップの看板の裏側などにあるうんこをハントしている。うんこを見つけたときは必ず友人とともに記念写真を撮る。

計算のきまり②

今日のせいせき
まちがいが
0~2こ
よくできたね!

3~5こ
できたね

6こ~
がんばれ

小数でも（ ）を使った計算のきまりが成り立つよ。
これを使って工夫して計算しよう。

1 1.6×1.2＋3.4×1.2を工夫して計算するしかたを考えます。

（■＋●）×▲＝■×▲＋●×▲を使う。

1.6×1.2＋3.4×1.2＝（ 1.6 ＋ 3.4 ）×1.2
         ＝ 5 ×1.2
         ＝6

2 工夫して計算します。◯に数を書いて続けて計算しましょう。

① 4.7×3.9＋5.3×3.9＝（4.7＋5.3）× ◯

② 6.3×2.8＋3.7×2.8＝（ ◯ ＋ ◯ ）× ◯

③ 12.3×2.7－2.3×2.7＝（12.3－2.3）× ◯

④ 15.7×8.3－5.7×8.3＝（ ◯ － ◯ ）× ◯

3 工夫して計算しましょう。

① $9.9 \times 17 = (10 - \boxed{}) \times 17$

9.9を
10−●
と考えるのじゃ。

② 9.8×6

③ 97×0.8

④ 10.1×14

⑤ 10.3×21

10 かくにんテスト 1

今日のせいせき
まちがいが
0~2こ よくできたね！
3~5こ できたね
6こ~ がんばれ

点

1 筆算で計算をしましょう。 〈1つ7点〉

① 1.8×2.3

② 4.7×6.3

③ 2.7×7.6

④ 0.16×1.5

⑤ 2.48×2.5

⑥ 2.63×0.53

2 積が**4.8**より小さくなるものをすべて〇で囲みましょう。

〈全部できて20点〉

あ 4.8×2.1

い 4.8×0.2

う 4.8×1

え 4.8×0.01

お 4.8×1.03

か 4.8×0.09

3 工夫して計算しましょう。

〈1つ7点〉

① 3.2×2.5×4

② 9.7×13

4 次のうんこハンターのうち,「斬鬼刀」を使用するのはだれですか。

〈24点〉

あ 氷室戈威（ひむろかい）

い 根本辰男（ねもとたつお）

う 小沼一刀斎（おぬまいっとうさい）

11 小数÷小数の計算

小数でわるわり算は，整数でわる計算に直して考えるよ。
やってみよう。

1 30÷1.2の計算のしかたを考えます。

整数でわるわり算に直して計算する。

30	÷	1.2	=	?
↓10倍		↓10倍		↓
300	÷	12	=	25

（等しい）

わられる数と
わる数に同じ数を
かけても商は
変わらないのじゃ。

30÷1.2の商は，30と1.2を10倍した
300÷12の計算で求められる。

30÷1.2 = 25

2 整数でわるわり算に直して計算しましょう。

① 3÷1.5 = [　] ÷15

= [　]

② 3÷0.15 = [　] ÷15

= [　]

3	÷	0.15	=	?
↓100倍		↓100倍		↓
300	÷	15	=	?

（等しい）

③ 18÷0.06 = [　] ÷6

= [　]

21

☁ 3　117÷45＝2.6です。このことを使って計算しましょう。

①　11.7÷4.5

②　1.17÷0.45

③　0.117÷0.045

☁ 4　整数でわるわり算に直して計算しましょう。

①　2.7÷0.9

②　1.6÷0.04

12 小数÷小数の筆算①

小数÷小数の筆算は，わる数とわられる数の小数点を同じ数だけ右に移すことがポイント。

1 3.42÷1.9の筆算のしかたを考えます。

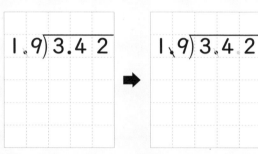 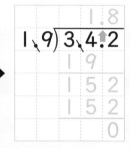

❶ わる数の小数点を右に移して，整数に直す。

❷ わられる数の小数点も，わる数の小数点を移した数だけ右に移す。

❸ わる数が整数のときと同じように計算し，商の小数点は，わられる数の右に移した小数点にそろえてうつ。

❸は34.2÷19の計算じゃ。4年生で習ったのう。

2 筆算で計算をしましょう。

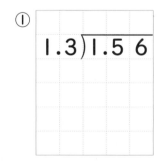

① 1.3)1.5 6

② 4.9)6.3 7

③ 2.9)2 0.3

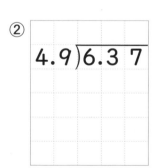

④ 5.7)2 2.8

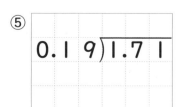

⑤ 0.1 9)1.7 1

⑥ 0.8 4)5.0 4

3 筆算で計算をしましょう。

① 4.3)6.4 5

② 2.6)6.7 6

③ 1.7)2.2 1

④ 1.8)1 6.2

⑤ 4.8)2 8.8

⑥ 0.6 2)4.9 6

うんこ文章題に
チャレンジ!
3

お父さんは, うんこをしながらあせを **2.7L** かきました。
おじいちゃんは, うんこをしながら
あせを **6.48L** かきました。
おじいちゃんは, お父さんの何倍
あせをかきましたか。

筆算

式

答え _____

13 小数÷小数の筆算②

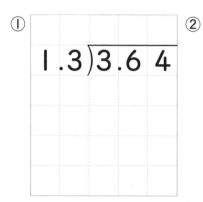
小数÷小数の筆算をカンペキにするよ。
まちがえた計算はもう一度やり直そう。

1 筆算で計算をしましょう。

① 1.3)3.64

② 3.4)6.12

③ 2.7)8.64

④ 2.5)12.5

⑤ 4.1)24.6

⑥ 0.37)2.59

⑦ 0.42)3.36

⑧ 1.46)29.2

2 筆算で計算をしましょう。

①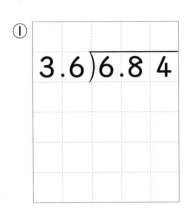

②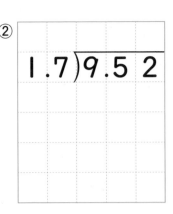

③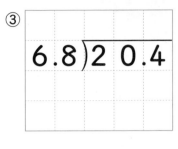

④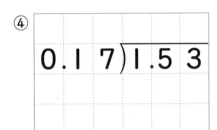

⑤

広さ28.5m²の倉庫があります。
この倉庫の中を5.7m²ずつに分けて,
うんこ置き場を作ります。何個の
置き場ができますか。

筆算

式

答え _____

14 小数のわり算でわり進む

今日のせいせき
まちがいが
✦ 0~2こ
よくできたね!
☺ 3~5こ
できたね
〜 6こ〜
がんばれ

💩 0をつけたして，わり切れるまで計算するよ。

☁ 1 7÷2.5，2.1÷3.5で，わり切れるまで計算するやり方を考えます。

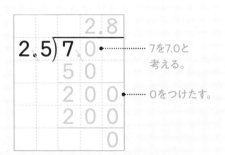

7を7.0と
考える。

0をつけたす。

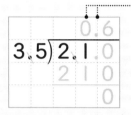

21÷35で
商がたたないときは，
商の一の位に0を
書いて小数点をうつ。

☁ 2 わり切れるまで計算をしましょう。

①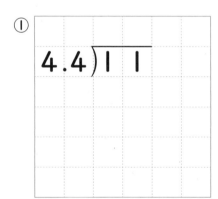

②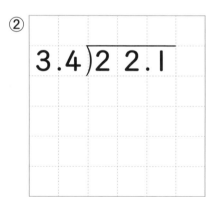

③　④　⑤
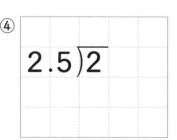

3 わり切れるまで計算をしましょう。

① 1.2〉3

② 2.4〉8.4

③ 2.5〉1.5

テストに出るうんこ

スピーディー・ユー Ü

「うんこを狩る者たち」
うんこハンター名鑑

日本編

八

「その スピードで、今までどうやって うんこを 狩ってたんだ!?」

甲賀の血を引く忍者の生き残り。想像を絶する過酷な修行の末に、「音速を超えた」とも言われる恐るべきスピードを手にしている。ストリートを根城に活動し、裏社会のうんこであっても躊躇なく狩る、危険なハンターである。

15 小数のわり算のあまり①

あまりの小数点の位置は，商の小数点の位置とは
ちがうよ。まちがえやすいから気をつけよう。

1 13÷4.2の商を一の位まで求め，あまりもだすやり方を考えます。

あまりの小数点はわられる数の
もとの小数点にそろえてうつ。

$$
\begin{array}{r}
3 \\
4.2{\overline{\smash{\big)}\,13.0}} \\
\underline{12\,6} \\
0.4
\end{array}
$$

わる数 × 商 + あまり ＝ わられる数

4.2 × 3 + 0.4 ＝ 13 ……… わられる数に
なれば正しい。

2 商を一の位まで求めて，あまりもだしましょう。

① 3.8)27

② 5.7)37.1

③ 7.6)70.7

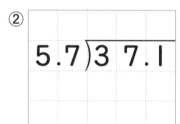
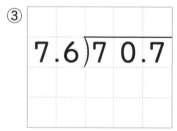

④ 1.3)54

⑤ 2.1)60.1

⑥ 4.8)78.9

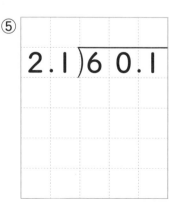
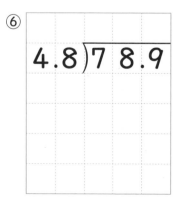

3　商を一の位まで求め，あまりもだしましょう。

① 1.9)16

② 6.4)14

③ 2.3)9.33

④ 3.3)106

⑤ 6.2)212

16 小数のわり算のあまり②

今日のせいせき
まちがいが

0〜2こ
よくできたね!
3〜5こ
できたね

6こ〜
がんばれ

あまりの小数点の位置は，商の小数点の位置とは
ちがうよ。まちがえやすいから気をつけよう。

1 7.9÷2.7の商を $\frac{1}{10}$ の位（小数第一位）まで求めて，
あまりもだすやり方を考えます。

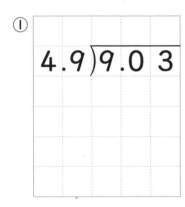

● あまりの小数点はわられる数の
もとの小数点にそろえてうつ。

● 商の小数点は，わられる数の
右に移した小数点にそろえてうつ。

商とあまりの
小数点の位置に
気をつけるのじゃ。

2 商を $\frac{1}{10}$ の位まで求めて，あまりもだしましょう。

① 4.9)9.0 3

② 6.3)2 6.6

③ 8.4)5.2

④ 6.2)4.5

⑤ 3.6)3.5 4

3 商を $\frac{1}{10}$ の位まで求めて，あまりもだしましょう。

①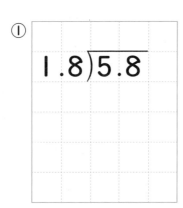

②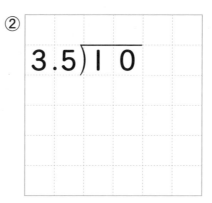

③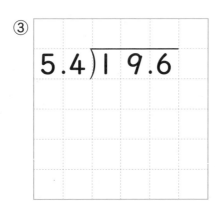

④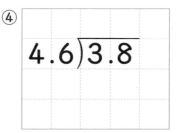

重さ42tのうんこが手に入りました。1人に8.1tずつ配ると，何人に配れて，何tあまりますか。

筆算

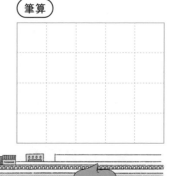

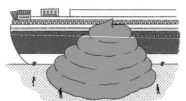

式

答え

17 商をがい数で表す

わり算で，わり切れないときや，商のけた数が多いときは，商をがい数で表すことがあるよ。練習しよう。

1 2.3÷1.7の商を四捨五入して，上から2けたのがい数で 求めるやり方を考えます。

商を四捨五入してがい数で
求めるときは，求める位の
1つ下の位まで計算して，
その位で四捨五入する。

```
        1.3 5
  1,7)2,3
      1 7
        6 0
        5 1
          9 0
          8 5
            5
```

1つ下の
上から3けた目の
5を四捨五入する。

商だけを求めるので，
ここは5のままでよい。

2 商を四捨五入して，上から2けたのがい数で求めましょう。

①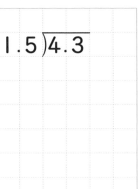

1.5)4.3

②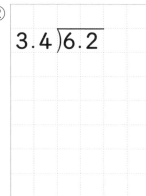

3.4)6.2

③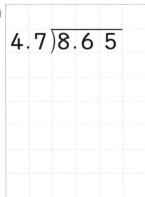

4.7)8.6 5

④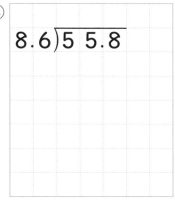

8.6)5 5.8

3 商を四捨五入して，$\dfrac{1}{10}$ の位（小数第一位）までのがい数で求めましょう。

①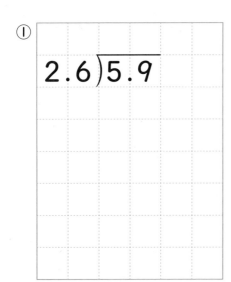

②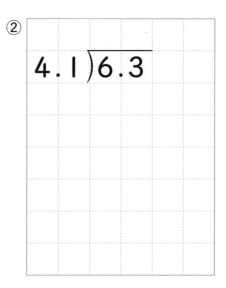

③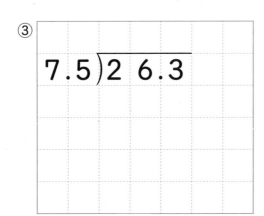

④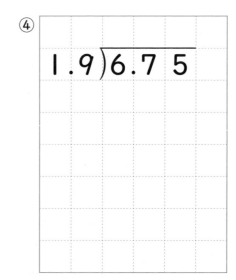

⑤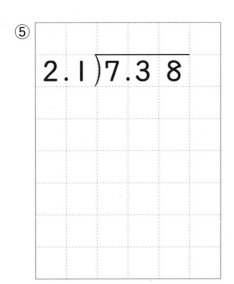

⑥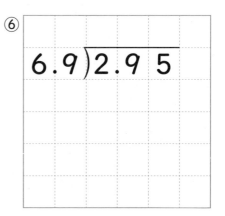

34

わる数の大きさと 商の大きさの関係

今日のせいせき
まちがいが

0~2こ
よくできたね！

3~5こ
できたね

6こ～
がんばれ

わり算をして答えが大きくなることがあるよ。
わる数に注目！

1 120÷0.4の商は，わられる数の120より大きくなるかどうかを
考えます。

小数でわるわり算では，１より小さい数で
わると，商はわられる数より大きくなる。

わる数＜１のとき，	商＞わられる数
わる数＝１のとき，	商＝わられる数
わる数＞１のとき，	商＜わられる数

120÷0.4の商は，わる数0.4が１より

小さいので，商はわられる数120より

 なる。

計算すると，
120÷0.4＝300
だから，
商は120より
大きくなるぞい。

2 商が3.5より大きくなるものをすべて○で囲みましょう。

あ 3.5÷0.7   **い** 3.5÷1

う 3.5÷2.5   **え** 3.5÷1.75

お 3.5÷0.05   **か** 3.5÷0.1

　わり切れるまで計算しましょう。

① 0.4)1.7

② 0.6)1.29

③ 0.8)6.32

19 かくにんテスト 2

点

今日のせいせき
まちがいが

0~2こ
よくできたね！

3~5こ
できたね

6こ～
がんばれ

1 わり切れるまで計算しましょう。　　　　　　　　　　〈1つ8点〉

① $4.2\overline{)9.66}$

② $1.4\overline{)2.1}$

③ $2.5\overline{)6}$

④ $0.6\overline{)2.28}$

⑤ $0.36\overline{)54}$

2 商を一の位まで求めて，あまりもだしましょう。　　　　〈1つ8点〉

① $8.4\overline{)152}$

② $3.4\overline{)22}$

37

3 商を四捨五入して，上から2けたのがい数で求めましょう。　〈1つ8点〉

①

$$2.3\overline{)5.7}$$

②

$$3.4\overline{)7.9\,6}$$

4 商が4.2より大きくなるものをすべて○で囲みましょう。　〈全部できて10点〉

あ 4.2÷3.5

い 4.2÷1.05

う 4.2÷0.21

え 4.2÷2.1

お 4.2÷0.7

か 4.2÷1

5 次のうんこハンターの名前は何ですか。　〈18点〉

あ スピーディー・Ù

い 縄坊

う 雁川原春星

まとめテスト

5年生の小数

点

1 積が2.7より小さくなるものをすべて○で囲みましょう。

〈全部できて5点〉

あ 2.7×0.03　　　　**い** 2.7×3.9

う 2.7×0.1　　　　**え** 2.7×1

2 商が3.6より大きくなるものをすべて○で囲みましょう。

〈全部できて5点〉

あ 3.6÷1.2　　　　**い** 3.6÷0.09

う 3.6÷1　　　　**え** 3.6÷0.1

3 工夫して計算しましょう。

〈1つ6点〉

① 5.3×4×2.5　　　　② 2.5×3.6

③ 4.6×4.8+5.4×4.8　　　　④ 9.7×12

4 筆算で計算をしましょう。 〈1つ6点〉

① 13.7×4.8

② 0.15×8.4

5 わり切れるまで計算をしましょう。 〈1つ6点〉

① 3.6)25.2

② 4.5)2.7

③ 2.2)1.1

6 商を一の位まで求めて，あまりもだしましょう。 〈1つ6点〉

① 8.1)42

② 4.3)35.2

③ 5.4)18

7 次のうち，「サイボーグ」や「超能力者」とも言われるうんこ
ハンターはだれですか。 〈18点〉

あ
い
う

答え

1ページ

① 4年生で習った小数の計算

今日のせいせき まちがいが
0〜2こ よくできたね！
3〜5こ できたね
6こ〜 がんばれ

小数×整数、小数÷整数を復習するよ。
小数点のうち方はバッチリかな？

❶ 筆算で計算をしましょう。

① 19.6×4
$$\begin{array}{r} 19.6 \\ \times\ \ \ \ 4 \\ \hline 78.4 \end{array}$$

② 20.5×6
$$\begin{array}{r} 20.5 \\ \times\ \ \ \ 6 \\ \hline 123.0 \end{array}$$

③ 5.24×7
$$\begin{array}{r} 5.24 \\ \times\ \ \ \ 7 \\ \hline 36.68 \end{array}$$

④ 0.73×8
$$\begin{array}{r} 0.73 \\ \times\ \ \ \ 8 \\ \hline 5.84 \end{array}$$

⑤ 52.4×62
$$\begin{array}{r} 52.4 \\ \times\ \ 62 \\ \hline 1048 \\ 3144\ \ \\ \hline 3248.8 \end{array}$$

⑥ 47.1×14
$$\begin{array}{r} 47.1 \\ \times\ \ 14 \\ \hline 1884 \\ 471\ \ \\ \hline 659.4 \end{array}$$

⑦ 0.82×25
$$\begin{array}{r} 0.82 \\ \times\ \ 25 \\ \hline 410 \\ 164\ \ \\ \hline 20.50 \end{array}$$

⑧ 3.09×36
$$\begin{array}{r} 3.09 \\ \times\ \ 36 \\ \hline 1854 \\ 927\ \ \\ \hline 111.24 \end{array}$$

❶

2ページ

❷
①は、わり切れるまで計算をしましょう。
②は、商を一の位まで求めて、あまりもだしましょう。
③は、商を四捨五入して、上から2けたのがい数で求めましょう。

① 4)175 = 43.75 （計算途中省略）

② 17)90.8 … 商 5、あまり 5.8

③ 9)17 … 1.88 → 約1.9

テストに出るうんこ
「うんこを狩る者たち」
うんこハンター名鑑
日本編 一

氷室戈威（ひむろ かい）

「全てのうんこは私にハントされたがっている。」

日本を代表する正統派うんこハンター。19歳にして「3分で4825個のうんこをハント」という記録を打ち立て、うんこハンティング界に衝撃を与えた。ワールド大会でも二度の優勝を経験するなど、世界的にも活やくしている。

3ページ

② 小数のしくみ

今日のせいせき まちがいが
0〜2こ よくできたね！
3〜5こ できたね
6こ〜 がんばれ

小数を10倍、100倍、…した数はわかるかな？
小数も整数と同じしくみだよ。

❶ 1.23を10倍、100倍、1000倍した数を考えます。

小数や整数を10倍、100倍、…すると、位はそれぞれ1けた、2けた、…上がり、小数点はそれぞれ右に1けた、2けた、…移る。

1 . 2 3
1 2 . 3 （10倍）
1 2 3 . （100倍）
1 2 3 0 . （1000倍）

❷ 987を 1/10, 1/100, 1/1000 にした数を考えます。

小数や整数を 1/10, 1/100, 1/1000, …にすると、位はそれぞれ1けた、2けた、3けた、…下がり、小数点はそれぞれ左に1けた、2けた、3けた、…移る。

9 8 7 .
9 8 . 7 （1/10）
9 . 8 7 （1/100）
0 . 9 8 7 （1/1000）

❸ 28.56を10倍、100倍、1000倍した数を答えましょう。

① 10倍 **285.6**　② 100倍 **2856**　③ 1000倍 **28560**

❹ 72.6を 1/10, 1/100, 1/1000 にした数を答えましょう。

① 1/10 **7.26**　② 1/100 **0.726**　③ 1/1000 **0.0726**

❸

4ページ

❺ 次の数は2.46を何倍にした数か答えましょう。

① 246 **100倍**　② 2460 **1000倍**

❻ 次の数は13.5を何分の一にした数か答えましょう。

① 1.35 **1/10**　② 0.0135 **1/1000**

❼ ☐にあてはまる数を答えましょう。

① 72.8×1000＝{ **72800** }　② 2.19×100＝{ **219** }

③ 51.62÷1000＝{ **0.05162** }　④ 31.7÷100＝{ **0.317** }

テストに出るうんこ
「うんこを狩る者たち」
うんこハンター名鑑
日本編 二

根本辰男（ねもと たつお）

「何十年も前のうんこだって、聞こえてくるんじゃよ。うんこの声がなぁ。」

独自のうんこハンティング技術「根本流うんこ発掘術」を使う実力派うんこハンター。主に、山林にすむ野性獣のうんこを見つけ出すことを得意とする。そのため、時にはヒグマやオオカミと格闘することも。趣味はたき火。

答え

5ページ

3 小数×小数の計算

小数×小数の計算は、整数のかけ算に直すとできるよ。やってみよう。

1 1.3×2.4の計算のしかたを考えます。

整数×整数の計算に直して計算する。

1.3 × 2.4 = ? → $\frac{1}{100}$ (100でわる)

13 × 24 = 312

1.3×2.4の積は、13×24の積を100でわれば求められる。

1.3×2.4 = **3.12**

2 整数×整数の計算に直して計算しましょう。

① 2.8×4.3
= 28×43÷ **100**
= 1204÷ **100**
= **12.04**

② 1.26×3.1
= 126×31÷ **1000**
= 3906÷ **1000**
= **3.906**

1.26 × 3.1 = ? → $\frac{1}{1000}$ (1000でわる)

126 × 31 = 3906

6ページ

3 137×23=3151です。このことを使って計算しましょう。

① 13.7×23
= 137×23÷10
= 3151÷10
= 315.1

② 13.7×2.3
= 137×23÷100
= 3151÷100
= 31.51

③ 1.37×2.3
= 137×23÷1000
= 3151÷1000
= 3.151

④ 1.37×0.23
= 137×23÷10000
= 3151÷10000
= 0.3151

小数を整数に直して計算するぞい。137×23の積をいくつでわればいいのかの？

テストに出るうんこ

うんこハンター名鑑 日本編

「うんこを釣る者たち」

足立元気 (あだちげんき)

「ごめんね。うんことなるぼくが全部見つけちゃった。」

三

小学生とあなどるなかれ。そのうんこハンティング能力は大人顔負け。中でもカブトムシやクワガタなど夏の昆虫のうんこを見つけさせたら、右に出るものはないと言われている。いつかハントしたいうんこは「クジャクのうんこ」。

7ページ

4 小数×小数の筆算①

小数×小数の筆算は、積の小数点のうち方がポイント。しっかり覚えよう。

1 2.3×1.2の筆算のしかたを考えます。

```
   2.3
 × 1.2
   4 6
 2 3
 2 7 6
```
→
```
   2.3  …1けた
 × 1.2  …1けた
   4 6
 2 3
 2.7 6  …2けた
```
(1+1)けた

❶積の小数点がないものとして計算する。

❷積の小数点は、かけられる数とかける数の小数点の右にあるけた数の和だけ、右から数えてうつ。

2 筆算で計算をしましょう。

①
```
   2.1
 × 3.8
 1 6 8
 6 3
 7.9 8
```

②
```
   8.4
 × 4.9
 7 5 6
 3 3 6
 4 1.1 6
```

③
```
   3.1 8
 ×   2.8
 2 5 4 4
 6 3 6
 8.9 0 4
```

④
```
   3.9 6
 ×   6.2
   7 9 2
 2 3 7 6
 2 4.5 5 2
```

8ページ

3 筆算で計算をしましょう。

①
```
   4.2
 × 2.6
 2 5 2
 8 4
 1 0.9 2
```

②
```
   7.8
 × 2.7
 5 4 6
 1 5 6
 2 1.0 6
```

③
```
   4.5 7
 ×   7.4
 1 8 2 8
 3 1 9 9
 3 3.8 1 8
```

④
```
   1.1 8
 ×   4.1
   1 1 8
 4 7 2
 4.8 3 8
```

うんこ文章題にチャレンジ！ **1**

うんこをガチガチにかためて作った棒が「うんこ棒」です。うんこ棒1mの重さは3.3kgです。うんこ棒1.8mの重さは何kgですか。

式 3.3×1.8=5.94

答え 5.94kg

筆算
```
   3.3
 × 1.8
 2 6 4
 3 3
 5.9 4
```
うんこ棒

5 小数×小数の筆算②

小数×小数の計算をカンペキにするよ。
まちがえた計算はもう一度やり直そう。

今日のせいせき
まちがいが
0〜2こ よくできたね！
3〜5こ できたね
6こ〜 がんばれ

1 筆算で計算をしましょう。

①
```
   1.5
 × 5.1
   15
  75
  7.65
```

②
```
   4.3
 × 7.2
   86
 301
 30.96
```

③
```
   1.37
 × 4.8
 1096
 548
 6.576
```

④
```
   2.05
 × 8.7
 1435
 1640
 17.835
```

⑤
```
   7.29
 × 3.7
 5103
 2187
 26.973
```

⑥
```
   0.26
 × 6.6
  156
  156
  1.716
```

⑨

---

6 小数×小数の筆算③

筆算の答えを正しく書く練習をするよ。

今日のせいせき
まちがいが
0〜2こ よくできたね！
3〜5こ できたね
6こ〜 がんばれ

1 0.92×7.5, 0.18×1.6の筆算のしかたを考えます。

```
   0.92
 × 7.5
  460
 644
 6.900
```

小数点をうった後で、
右のはしが0のときは、
0をけして消す。

```
   0.18
 × 1.6
  108
  18
  0.288
```

けた数がたりないときは、
0を書きたして小数点をうつ。

2 筆算で計算をしましょう。

①
```
   1.52
 × 1.5
  760
 152
 2.280
```

②
```
   1.75
 × 4.8
 1400
 700
 8.400
```

③
```
   0.15
 × 1.2
   30
  15
  0.180
```

④
```
   0.28
 × 2.7
  196
  56
  0.756
```

⑪

---

2 筆算で計算をしましょう。

① 4.7×9.3
```
   4.7
 × 9.3
  141
 423
 43.71
```

② 6.24×5.6
```
   6.24
 × 5.6
 3744
 3120
 34.944
```

③ 4.8×0.39
```
   4.8
 ×0.39
  432
 144
 1.872
```

テストに
出る
うんこ

「うんこを飾る者たち」

うんこハンター名鑑

めいかん

日本編

四

西神田 柊介
にしかんだ しゅうすけ

「うんこって、そばにあるものなんです。」

「うんこハンティングを通じて、心の成長や自己実現を達成しよう！」を合言葉に、支持者を増やしているうんこハンター。著書『うんこ探しは自分探し。～人気うんこハンターが教える、こころに効く『22の言葉』～』は18万部のベストセラーに。

---

3 筆算で計算をしましょう。

① 3.24×6.5
```
   3.24
 × 6.5
 1620
 1944
 21.060
```

② 0.17×2.9
```
   0.17
 × 2.9
  153
 34
 0.493
```

③ 3.85×2.6
```
   3.85
 × 2.6
 2310
 770
 10.010
```

④ 0.25×1.6
```
   0.25
 × 1.6
  150
 25
 0.400
```

うんこ文章題に
チャレンジ！
2

2人のうんこ投げ選手が対決しています。アメリカの選手の記録は0.13kmで、フランスの選手はアメリカの選手の3.4倍の記録でした。フランスの選手の記録は何kmでしたか。

式 0.13×3.4＝0.442

答え 0.442km

筆算
```
   0.13
 × 3.4
   52
  39
 0.442
```

⑫

答え

7 かける数の大きさと
積の大きさの関係

💩 かけ算をして答えが小さくなることがあるよ。
かける数に注目するとわかるよ。

1 2.7×0.4の積は，かけられる数の2.7より小さくなるかどうかを
考えます。

> 小数をかけるかけ算では，1より小さい数をかけると，
> 積はかけられる数より小さくなる。
>
> | かける数<1のとき， | 積<かけられる数 |
> |---|---|
> | かける数=1のとき， | 積=かけられる数 |
> | かける数>1のとき， | 積>かけられる数 |
>
> 2.7×0.4の積は，かける数0.4が1より
> 小さいので，積はかけられる数2.7より
> **小さく** なる。

計算すると，
2.7×0.4=1.08
だから，
積は2.7より
小さいのじゃ。

2 積が5.3より小さくなるものをすべて◯で囲みましょう。

あ 5.3×1　　　　　い 5.3×0.07

う 5.3×2.03　　　え 5.3×1.9

お 5.3×0.7　　　　か 5.3×0.1

⑬

3 筆算で計算をしましょう。

① 2.7
× 0.5
―――
1.35

② 3.2
× 0.7
―――
2.24

③ 0.84
× 0.6
―――
0.504

④ 4.7
× 0.15
―――
235
47
―――
0.705

⑤ 0.28
× 0.45
―――
140
112
―――
0.1260

どの計算も
かける数が1より
小さいぞい。計算したら，
積がかけられる数より
小さくなっているか
確かめるのじゃ。

テストに出るうんこ
「うんこを斬る者たち」
うんこハンター名鑑
日本編
五

小沼 一刀斎（おぬま いっとうさい）

「我が眼、見逃すうんこと無し。」「天網の如く、

10年前までまったく人前に姿を見せなかったことから、その存在が都市伝説扱いされていた幻のうんこハンター。「斬鬼刀」を使用し、物陰にかくれたうんこも瞬時に見つけ出す。

8 計算のきまり①

💩 小数のかけ算でも，整数と同じ計算のきまりが成り立つよ。
計算のきまりを使って工夫して計算しよう。

1 3.7×2.5×4を工夫して計算するしかたを考えます。

2.5×4=10が使えるように，(■×●)×▲=■×(●×▲)を使う。

　　3.7×2.5×4
　=3.7×(2.5×4)
　=3.7×⑩
　=37

2.5×4=10
1.25×8=10

2 工夫して計算します。□に数を書いて続けて計算しましょう。

① 2.9×2.5×4
=2.9×(2.5 × 4)
=2.9×10　…続けて計算しましょう。
=29

② 4.7×1.25×8
=4.7×(1.25×8)
=4.7×10
=47

③ 1.8×0.5×4
=1.8×(0.5×4)
=1.8×2
=3.6

⑮

3 工夫して計算しましょう。

① 2.5×2.8
=2.5×(4× 0.7)
=(2.5×4)×0.7
=10×0.7
=7

② 2.5×2.4
=2.5×(4×0.6)
=(2.5×4)×0.6
=10×0.6
=6

③ 1.3×0.5×6
=1.3×(0.5×6)
=1.3×3
=3.9

④ 5.3×0.5×2
=5.3×(0.5×2)
=5.3×1
=5.3

テストに出るうんこ
「うんこを斬る者たち」
うんこハンター名鑑
日本編
六

mayuco（マユコ）

「うんこハントであたしに勝つ？」「超ウケんだけどｗ」

雑誌「かわいい系うんこハンター」。渋谷や原宿など若者に人気の主な活動エリアとし、自動車免許の〒や、ショップの看板の裏側などにあるうんこをハントしている。うんこを見つけたときは必ず友人とともに記念写真を撮る。

9 計算のきまり②

小数でも（ ）を使った計算のきまりが成り立つよ。
これを使って工夫して計算しよう。

1 1.6×1.2+3.4×1.2を工夫して計算するしかたを考えます。

（■＋●）×▲＝■×▲＋●×▲を使う。

$$1.6×1.2+3.4×1.2=(\boxed{1.6}+\boxed{3.4})×1.2$$
$$=\boxed{5}×1.2$$
$$=6$$

2 工夫して計算します。□に数を書いて続けて計算しましょう。

① $4.7×3.9+5.3×3.9=(4.7+5.3)×\boxed{3.9}$
$=10×3.9$
$=39$

② $6.3×2.8+3.7×2.8=(\boxed{6.3}+\boxed{3.7})×\boxed{2.8}$
$=10×2.8$
$=28$

③ $12.3×2.7-2.3×2.7=(12.3-2.3)×\boxed{2.7}$
$=10×2.7$
$=27$

④ $15.7×8.3-5.7×8.3=(\boxed{15.7}-\boxed{5.7})×\boxed{8.3}$
$=10×8.3$
$=83$

⑰

3 工夫して計算しましょう。

9.9を
10-●
と考えるのじゃ。

① $9.9×17=(10-\boxed{0.1})×17$
$=10×17-0.1×17$
$=170-1.7$
$=168.3$

② $9.8×6=(10-0.2)×6$
$=10×6-0.2×6$
$=60-1.2$
$=58.8$

③ $97×0.8=(100-3)×0.8$
$=100×0.8-3×0.8$
$=80-2.4$
$=77.6$

④ $10.1×14=(10+0.1)×14$
$=10×14+0.1×14$
$=140+1.4$
$=141.4$

⑤ $10.3×21=(10+0.3)×21$
$=10×21+0.3×21$
$=210+6.3$
$=216.3$

⑱

10 かくにんテスト 1

点

1 筆算で計算をしましょう。　　　　　　　　　　　　(1つ7点)

① 1.8×2.3
```
    1.8
 ×  2.3
    5 4
  3 6
  4.1 4
```

② 4.7×6.3
```
    4.7
 ×  6.3
  1 4 1
 2 8 2
 2 9.6 1
```

③ 2.7×7.6
```
    2.7
 ×  7.6
  1 6 2
 1 8 9
 2 0.5 2
```

④ 0.16×1.5
```
   0.1 6
 ×   1.5
     8 0
   1 6
  0.2 4 0
```

⑤ 2.48×2.5
```
   2.4 8
 ×   2.5
 1 2 4 0
 4 9 6
 6.2 0 0
```

⑥ 2.63×0.53
```
   2.6 3
 × 0.5 3
   7 8 9
 1 3 1 5
 1.3 9 3 9
```

⑲

2 積が4.8より小さくなるものをすべて○で囲みましょう。　　(全部できて20点)

あ 4.8×2.1　　　　　　　い 4.8×0.2

う 4.8×1　　　　　　　　え 4.8×0.01

お 4.8×1.03　　　　　　か 4.8×0.09

3 工夫して計算しましょう。　　　　　　　　　　(1つ7点)

① $3.2×2.5×4=3.2×(2.5×4)$
$=3.2×10$
$=32$

② $9.7×13=(10-0.3)×13$
$=10×13-0.3×13$
$=130-3.9$
$=126.1$

4 次のうんこハンターのうち、「斬鬼刀」を使用するのはだれですか。　(24点)

あ 氷室戈威　　　い 根本辰男　　　う 小沼一刀斎

⑳

答え

11 小数÷小数の計算

今日のせいせき まちがいが
😊 0〜2こ よくできたね！
😐 3〜5こ できたね
💧 6こ〜 がんばれ

小数でわるわり算は，整数でわる計算に直して考えるよ。やってみよう。

1 30÷1.2の計算のしかたを考えます。

整数でわるわり算に直して計算する。

```
 30  ÷  1.2  =  ?
                    等しい
300  ÷  12   =  25
```
（10倍／10倍）

わられる数とわる数に同じ数をかけても商は変わらないのじゃ。

30÷1.2の商は，30と1.2を10倍した300÷12の計算で求められる。

30÷1.2 = 25

2 整数でわるわり算に直して計算しましょう。

① 3÷1.5 = 30 ÷15
= 2

② 3÷0.15 = 300 ÷15
= 20

```
 3  ÷  0.15  =  ?
                    等しい
300  ÷  15   =  ?
```
（100倍／100倍）

③ 18÷0.06 = 1800 ÷6
= 300

12 小数÷小数の筆算①

今日のせいせき まちがいが
😊 0〜2こ よくできたね！
😐 3〜5こ できたね
💧 6こ〜 がんばれ

小数÷小数の筆算は，わる数とわられる数の小数点を同じ数だけ右に移すことがポイント。

1 3.42÷1.9の筆算のしかたを考えます。

❶わる数の小数点を右に移して，整数に直す。
❷わられる数の小数点も，わる数の小数点を移した数だけ右に移す。
❸わる数が整数のときと同じように計算し，商の小数点は，わられる数の右に移した小数点にそろえてうつ。

❸は，34.2÷19の計算じゃ。4年生で習ったのう。

2 筆算で計算をしましょう。

① 1.3)1.5 6
```
  1.2
1,3)1.5,6
   1 3
    2 6
    2 6
      0
```

② 4.9)6.3.7
```
    1.3
4,9)6,3.7
    4 9
    1 4 7
    1 4 7
        0
```

③ 2.9)20.3
```
      7
2,9)2 0,3
    2 0 3
        0
```

④ 5.7)22.8
```
      4
5,7)2 2,8
    2 2 8
        0
```

⑤ 0.19)1.71
```
      9
0,1 9)1,7 1
      1 7 1
          0
```

⑥ 0.84)5.04
```
      6
0,8 4)5,0 4
      5 0 4
          0
```

3 117÷45=2.6です。このことを使って計算しましょう。

① 11.7÷4.5 = 117÷45
= 2.6

② 1.17÷0.45 = 117÷45
= 2.6

③ 0.117÷0.045 = 117÷45
= 2.6

4 整数でわるわり算に直して計算しましょう。

① 2.7÷0.9
= 27÷9
= 3

② 1.6÷0.04
= 160÷4
= 40

3 筆算で計算をしましょう。

① 4.3)6.4.5
```
    1.5
4,3)6,4.5
    4 3
    2 1 5
    2 1 5
        0
```

② 2.6)6.7.6
```
    2.6
2,6)6,7.6
    5 2
    1 5 6
    1 5 6
        0
```

③ 1.7)2.2.1
```
    1.3
1,7)2,2.1
    1 7
    5 1
    5 1
      0
```

④ 1.8)16.2
```
      9
1,8)1 6,2
    1 6 2
        0
```

⑤ 4.8)28.8
```
      6
4,8)2 8,8
    2 8 8
        0
```

⑥ 0.62)4.96
```
      8
0,6 2)4,9 6
      4 9 6
          0
```

うんこ文章題にチャレンジ！3

お父さんは，うんこをしながらあせを2.7Lかきました。おじいちゃんは，うんこをしながらあせを6.48Lかきました。おじいちゃんは，お父さんの何倍あせをかきましたか。

式 6.48÷2.7 = 2.4

筆算
```
      2.4
2,7)6,4.8
    5 4
    1 0 8
    1 0 8
        0
```

答え 2.4倍

13 小数÷小数の筆算②

今日のせいかく
まちがいが

- 0〜2こ
よくできたね!
- 3〜5こ
できたこ
- 6こ〜
がんばれ

🐛 小数÷小数の筆算をカンペキにするよ。
まちがえた計算はもう一度やり直そう。

🐛 筆算で計算をしましょう。

① 2.8 / 1.3)3.6.4 / 26 / 104 / 104 / 0
② 1.8 / 3.4)6.1.2 / 34 / 272 / 272 / 0
③ 3.2 / 2.7)8.6.4 / 81 / 54 / 54 / 0
④ 5 / 2.5)12.5 / 125 / 0
⑤ 6 / 4.1)24.6 / 246 / 0
⑥ 7 / 0.37)2.59 / 259 / 0
⑦ 8 / 0.42)3.36 / 336 / 0
⑧ 20 / 1.46)29.20 / 292 / 0

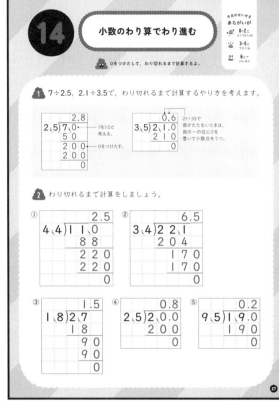

14 小数のわり算でわり進む

今日のせいかく
まちがいが

- 0〜2こ
よくできたね!
- 3〜5こ
できたこ
- 6こ〜
がんばれ

🐛 0をつけたして、わり切れるまで計算するよ。

① 7÷2.5, 2.1÷3.5で、わり切れるまで計算するやり方を考えます。

2.8 / 2.5)7.0 ← 7を7.0と考える。 / 50 / 200 ← 0をつけたす。 / 200 / 0

0.6 / 3.5)2.1.0 / 210 / 0
21÷35で商がたたないときは、商の一の位に0を書いて小数点をうつ。

② わり切れるまで計算をしましょう。

① 2.5 / 4.4)11.0 / 88 / 220 / 220 / 0
② 6.5 / 3.4)22.1 / 204 / 170 / 170 / 0
③ 1.5 / 1.8)2.7 / 18 / 90 / 90 / 0
④ 0.8 / 2.5)2.0.0 / 200 / 0
⑤ 0.2 / 9.5)1.9.0 / 190 / 0

② 筆算で計算をしましょう。

① 1.9 / 3.6)6.8.4 / 36 / 324 / 324 / 0
② 5.6 / 1.7)9.5.2 / 85 / 102 / 102 / 0
③ 3 / 6.8)20.4 / 204 / 0
④ 9 / 0.17)1.53 / 153 / 0
⑤ 3 / 2.73)8.19 / 819 / 0

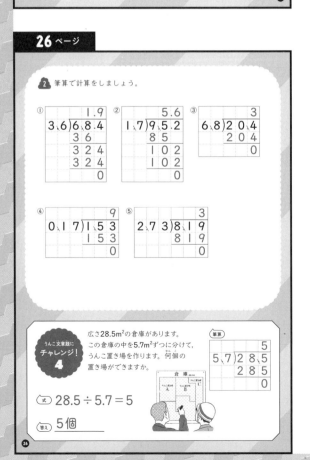

うんこ文章題に
チャレンジ!
4

広さ28.5m²の倉庫があります。
この倉庫の中を5.7m²ずつに分けて、
うんこ置き場を作ります。何個の
置き場ができますか。

筆算
5 / 5.7)28.5 / 285 / 0

(式) 28.5÷5.7＝5

(答え) 5個

③ わり切れるまで計算をしましょう。

① 2.5 / 1.2)3.0 / 24 / 60 / 60 / 0
② 3.5 / 2.4)8.4 / 72 / 120 / 120 / 0
③ 0.6 / 2.5)1.5.0 / 150 / 0

テストに
出る
うんこ

スピーディー・U

「うんこを狩る者たち」
うんこハンター名鑑

日本編

八

15 小数のわり算のあまり①

あまりの小数点の位置は、商の小数点の位置とはちがうよ。まちがえやすいから気をつけよう。

今日のまちがいが
0～2こ＝よくできたね！
3～5こ＝
6こ～がんばれ

1 13÷4.2の商を一の位まで求め、あまりもだすやり方を考えます。

あまりの小数点はわられる数のもとの小数点にそろえてうつ。

```
        3
4,2)1 3,0
    1 2 6
      0.4
```

わる数 × 商 ＋ あまり ＝ わられる数

$4.2 × 3 + 0.4 = 13$ ← わられる数になれば正しい。

2 商を一の位まで求めて、あまりもだしましょう。

①
```
        7
3,8)2 7,0
    2 6 6
      0.4
```

②
```
        6
5,7)3 7,1
    3 4 2
      2.9
```

③
```
        9
7,6)7 0,7
    6 8 4
      2.3
```

④
```
         4 1
1,3)5 4 0,0
    5 2
      2 0
      1 3
      0.7
```

⑤
```
        2 8
2,1)6 0,1
    4 2
    1 8 1
    1 6 8
      1.3
```

⑥
```
        1 6
4,8)7 8,9
    4 8
    3 0 9
    2 8 8
      2.1
```

3 商を一の位まで求め、あまりもだしましょう。

①
```
        8
1,9)1 6,0
    1 5 2
      0.8
```

②
```
        2
6,4)1 4,0
    1 2 8
      1.2
```

③
```
        4
2,3)9 3,3
    9 2
    0.13
```

④
```
         3 2
3,3)1 0 6,0
    9 9
      7 0
      6 6
      0.4
```

⑤
```
        3 4
6,2)2 1 2,0
    1 8 6
    2 6 0
    2 4 8
      1.2
```

テストに出るうんこ

縄坊
（じょうぼう）

「ぎゃっはっはっ わしの縄の前には、絶対に逃がれられんことを逃がさんがね！！！」

重さ100kgを超すという大縄「縦縄鏡」をふりまわし、全てをなぎたおしながら、うんこをハントしまくる怪物！その乱暴なやり方にうんこハンティング界からは批判が集まっているが、本人は気にする様子がないようだ。

うんこハンター名鑑
日本編
九

16 小数のわり算のあまり②

あまりの小数点の位置は、商の小数点の位置とはちがうよ。まちがえやすいから気をつけよう。

今日のまちがいが
0～2こ＝よくできたね！
3～5こ＝
6こ～がんばれ

1 7.9÷2.7の商を$\frac{1}{10}$の位（小数第一位）まで求めて、あまりもだすやり方を考えます。

```
          2.9
2,7)7 9,0
    5 4
    2 5 0
    2 4 3
      0.07
```

・あまりの小数点はわられる数のもとの小数点にそろえてうつ。
・商の小数点は、わられる数の右に移した小数点にそろえてうつ。

商とあまりの小数点の位置に気をつけるのじゃ。

2 商を$\frac{1}{10}$の位まで求めて、あまりもだしましょう。

①
```
          1.8
4,9)9 0,3
    4 9
    4 1 3
    3 9 2
      0.21
```

②
```
          4.2
6,3)2 6,6
    2 5 2
    1 4 0
    1 2 6
      0.14
```

③
```
          0.6
8,4)5 2,0
    5 0 4
    0.16
```

④
```
          0.7
6,2)4 5,0
    4 3 4
    0.16
```

⑤
```
          0.9
3,6)3 5,4
    3 2 4
    0.30
```

3 商を$\frac{1}{10}$の位まで求めて、あまりもだしましょう。

①
```
          3.2
1,8)5 8
    5 4
    4 0
    3 6
    0.04
```

②
```
          2.8
3,5)1 0 0
    7 0
    3 0 0
    2 8 0
    0.20
```

③
```
          3.6
5,4)1 9,6
    1 6 2
    3 4 0
    3 2 4
    0.16
```

④
```
          0.8
4,6)3 8,0
    3 6 8
    0.12
```

うんこ文章題にチャレンジ！ **5**

重さ42tのうんこが手に入りました。1人に8.1tずつ配ると、何人に配れて、何tあまりますか。

筆算
```
          5
8,1)4 2,0
    4 0 5
      1.5
```

（式）$42 ÷ 8.1 = 5$ あまり 1.5

（答え）5人に配れて、1.5tあまる。

答え

33 ページ

17 商をがい数で表す

今日のせいせき
まちがいが
0〜2こ
よくできたね！
3〜5こ
できたね
6こ〜
がんばれ

わり算で、わり切れないときや、商のけた数が多いときは、商をがい数で表すことがあるよ。練習しよう。

1　2.3÷1.7の商を四捨五入して、上から2けたのがい数で求めるやり方を考えます。

商を四捨五入してがい数で求めるときは、求める位の1つ下の位まで計算して、その位で四捨五入する。

```
      1.3 5
1,7)2,3
     1 7
       6 0
       5 1
         9 0
         8 5
           5
```

1つ下の3けた目の5を四捨五入する。

商だけを求めるので、ここは5のままでよい。

2　商を四捨五入して、上から2けたのがい数で求めましょう。

①
```
      2.8 6
1,5)4,3
     3 0
     1 3 0
     1 2 0
       1 0 0
         9 0
         1 0
```

②
```
      1.8 2
3,4)6,2
     3 4
     2 8 0
     2 7 2
         8 0
         6 8
         1 2
```

③
```
      1.8 4
4,7)8,6 5
     4 7
     3 9 5
     3 7 6
       1 9 0
       1 8 8
           2
```

④
```
      6.4 8
8,6)5 5,8
     5 1 6
       4 2 0
       3 4 4
         7 6 0
         6 8 8
           7 2
```

34 ページ

3　商を四捨五入して、$\frac{1}{10}$の位（小数第一位）までのがい数で求めましょう。

①
```
      2.2 6
2,6)5,9
     5 2
       7 0
       5 2
       1 8 0
       1 5 6
         2 4
```

②
```
      1.5 3
4,1)6,3
     4 1
     2 2 0
     2 0 5
       1 5 0
       1 2 3
         2 7
```

③
```
      3.5 0
7,5)2 6,3
     2 2 5
       3 8 0
       3 7 5
           5 0
```

④
```
      3.5 5
1,9)6,7.5
     5 7
     1 0 5
       9 5
       1 0 0
         9 5
           5
```

⑤
```
      3.5 1
2,1)7,3.8
     6 3
     1 0 8
     1 0 5
         3 0
         2 1
           9
```

⑥
```
      0.4 2
6,9)2 9.5
     2 7 6
       1 9 0
       1 3 8
         5 2
```

35 ページ

18 わる数の大きさと商の大きさの関係

今日のせいせき
まちがいが
0〜2こ
よくできたね！
3〜5こ
できたね
6こ〜
がんばれ

わり算をして答えが大きくなることがあるよ。わる数に注目！

1　120÷0.4の商は、わられる数の120より大きくなるかどうかを考えます。

小数でわるわり算では、1より小さい数でわると、商はわられる数より大きくなる。

わる数<1のとき、	商>わられる数
わる数=1のとき、	商=わられる数
わる数>1のとき、	商<わられる数

計算すると、
120÷0.4=300
だから、
商は120より
大きくなるぞい。

120÷0.4の商は、わる数0.4が1より小さいので、商はわられる数120より

大きく なる。

2　商が3.5より大きくなるものをすべて○で囲みましょう。

あ　3.5÷0.7

い　3.5÷1

う　3.5÷2.5

え　3.5÷1.75

お　3.5÷0.05

か　3.5÷0.1

36 ページ

3　わり切れるまで計算しましょう。

①
```
      4.2 5
0,4)1,7
     1 6
       1 0
         8
         2 0
         2 0
           0
```

②
```
      2.1 5
0,6)1,2.9
     1 2
         9
         6
         3 0
         3 0
           0
```

③
```
      7.9
0,8)6,3.2
     5 6
       7 2
       7 2
         0
```

「うんこドリル 5年 分数」には うんこハンター名鑑 ワールド編を収録！！！

テストに出るうんこ

うんこを狩る者たち

うんこハンター名鑑

日本編

十

天納川 鶏（あまのがわ れい）

「うんこであって、うんこでない！それが`私`のうんこだ！」

「うんこハンティングを根底から変える」と豪言し、次々と革新的な手法でうんこをハントする。超絶不約の例、そのあまりのハンティング能力の高さに「天納川鶏はサイボーグだ」「天納川鶏は超能力者だ」などの噂も流れているが、果たして――！

49

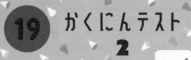

19 かくにんテスト 2

点

今日のせいせき まちがいが
0〜2こ よくできたね！
3〜5こ できたね
6こ〜 がんばれ

1 わり切れるまで計算しましょう。 (1つ8点)

①
```
         2.3
4,2)9,6.6
      8 4
      1 2 6
      1 2 6
          0
```

②
```
         1.5
1,4)2,1
      1 4
        7 0
        7 0
          0
```

③
```
         2.4
2,5)6,0
      5 0
      1 0 0
      1 0 0
          0
```

④
```
         3.8
0,6)2,2.8
      1 8
        4 8
        4 8
          0
```

⑤
```
        1 5 0
0,36)5 4,0 0
       3 6
       1 8 0
       1 8 0
           0
```

2 商を一の位まで求めて，あまりもだしましょう。 (1つ8点)

①
```
          1 8
8,4)1 5 2,0
      8 4
      6 8 0
      6 7 2
          0.8
```

②
```
         6
3,4)2 2,0
    2 0 4
      1.6
```

3 商を四捨五入して，上から2けたのがい数で求めましょう。 (1つ8点)

①
```
        2.4 7
2,3)5,7
    4 6
    1 1 0
      9 2
      1 8 0
      1 6 1
        1 9
```

②
```
        2.3 4
3,4)7,9.6
    6 8
    1 1 6
    1 0 2
      1 4 0
      1 3 6
          4
```

4 商が4.2より大きくなるものをすべて○で囲みましょう。 (全部できて10点)

あ 4.2÷3.5

い 4.2÷1.05

う (4.2÷0.21)

え 4.2÷2.1

お (4.2÷0.7)

か 4.2÷1

5 次のうんこハンターの名前は何ですか。 (18点)

あ スピーディー・Ü

い 縄坊（じょうぼう）

う （雁川原春星（がんがわらしゅんせい））

20 まとめテスト
5年生の小数

点

今日のせいせき まちがいが
0〜2こ よくできたね！
3〜5こ できたね
6こ〜 がんばれ

1 積が2.7より小さくなるものをすべて○で囲みましょう。 (全部できて5点)

あ (2.7×0.03)

い 2.7×3.9

う (2.7×0.1)

え 2.7×1

2 商が3.6より大きくなるものをすべて○で囲みましょう。 (全部できて5点)

あ (3.6÷1.2)

い (3.6÷0.09)

う 3.6÷1

え (3.6÷0.1)

3 工夫して計算しましょう。 (1つ6点)

①5.3×4×2.5
=5.3×(4×2.5)
=5.3×10
=53

②2.5×3.6
=2.5×(4×0.9)
=(2.5×4)×0.9
=10×0.9
=9

③4.6×4.8+5.4×4.8
=(4.6+5.4)×4.8
=10×4.8
=48

④9.7×12
=(10−0.3)×12
=10×12−0.3×12
=120−3.6
=116.4

4 筆算で計算をしましょう。 (1つ6点)

① 13.7×4.8
```
    1 3.7
×     4.8
  1 0 9 6
  5 4 8
  6 5.7 6
```

② 0.15×8.4
```
    0.1 5
×     8.4
      6 0
  1 2 0
  1.2 6 0
```

5 わり切れるまで計算をしましょう。 (1つ6点)

①
```
         7
3,6)2 5,2
    2 5 2
        0
```

②
```
         0.6
4,5)2,7.0
    2 7 0
        0
```

③
```
         0.5
2,2)1,1.0
    1 1 0
        0
```

6 商を一の位まで求めて，あまりもだしましょう。 (1つ6点)

①
```
         5
8,1)4 2,0
    4 0 5
      1.5
```

②
```
         8
4,3)3 5,2
    3 4 4
      0.8
```

③
```
         3
5,4)1 8,0
    1 6 2
      1.8
```

7 次のうち，「サイボーグ」や「超能力者」とも言われるうんこハンターはだれですか。 (18点)

あ い う ()

計算などで
自由に使おう！

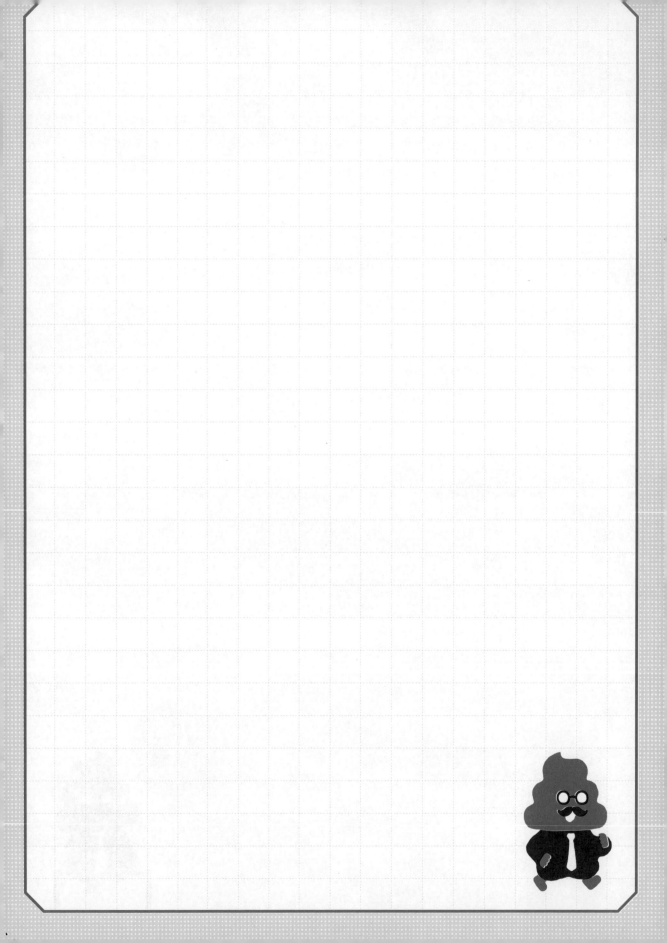

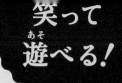
笑って遊べる！

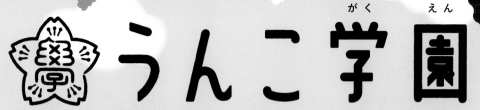
うんこ学園に登録しよう！

楽しくあそびながら学べる「うんこ学園」がスタート！

楽しい学しゅうゲームやきみもさんかできる「うんこイベント」でブリーポイントをあつめて、
ここでしか手に入らないうんこグッズと交かんしよう！

国語算数英語がゲームのように楽しい！	ひらめきゲームがいっぱい！	うんこかん字ドリルがどうがでとう場！	「ブリー」をためて交かんしよう！	うんこ学園のキャラクターがわかる！	えらばれると「うんこ学園」にのるよ！

まなび	あそび	うんこどうが	ブリーグッズ	うんこキャラクター	うんこイベント

おうちの人にQRをよんでもらってとうろくするのじゃ！

unkogakuen.com

うんこ学園 🔍

LINE公式アカウントもチェック！

LINE公式アカウントで最新情報を配信中！

✿うんこ学園 が楽しい理由

その1

楽しく学んで、
楽しくあそべる！
学しゅうゲームが登場！

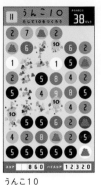

うんこ10　　なまえさがし

「うんこ学園」ではうんこドリルがしんかして、「まなび」「あそび」コンテンツがあるよ！うんこでわらって楽しくべんきょうしよう！

その2

ブリーをためて、
オリジナルのブリーグッズを
ゲットしよう！

うんこステッカーもりあわせ　　うんこ文ぼうぐセット

ひらけ！
金のうんことけい　　うんこリュック

「うんこ学園」でためたブリー（ポイント）は、オリジナルのブリーグッズと交かんできるよ！

※ブリーグッズ／デザインは変わることがあります。

🏠 おうちの方へ

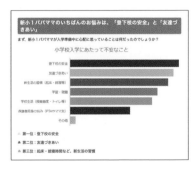

『うんこ学園』のメインとなる学びコンテンツをリリースしました。うんこドリルで培った笑いのノウハウとデジタルの良さを融合した新しいコンテンツです。

日本一の「ほごしゃ会」を目指す保護者情報コンテンツがOPENしました。役立つ先輩保護者の声がたくさんのっています！是非ご覧ください。

うんこ動画
配信中！

うんこ学園動画は
こちら▼

チャンネル登録は
こちら▼

うんこ学園動画 🔍